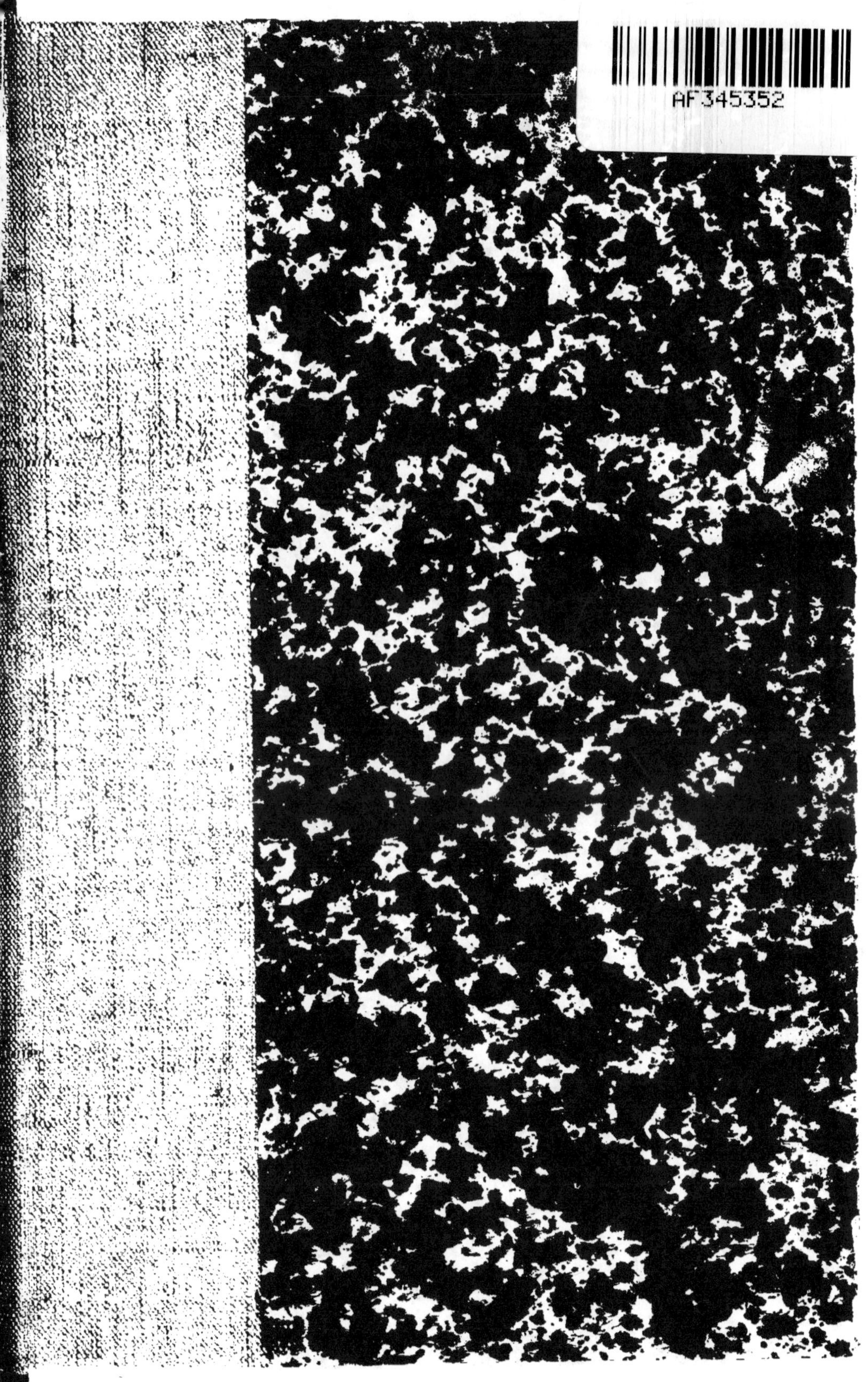
AF345352

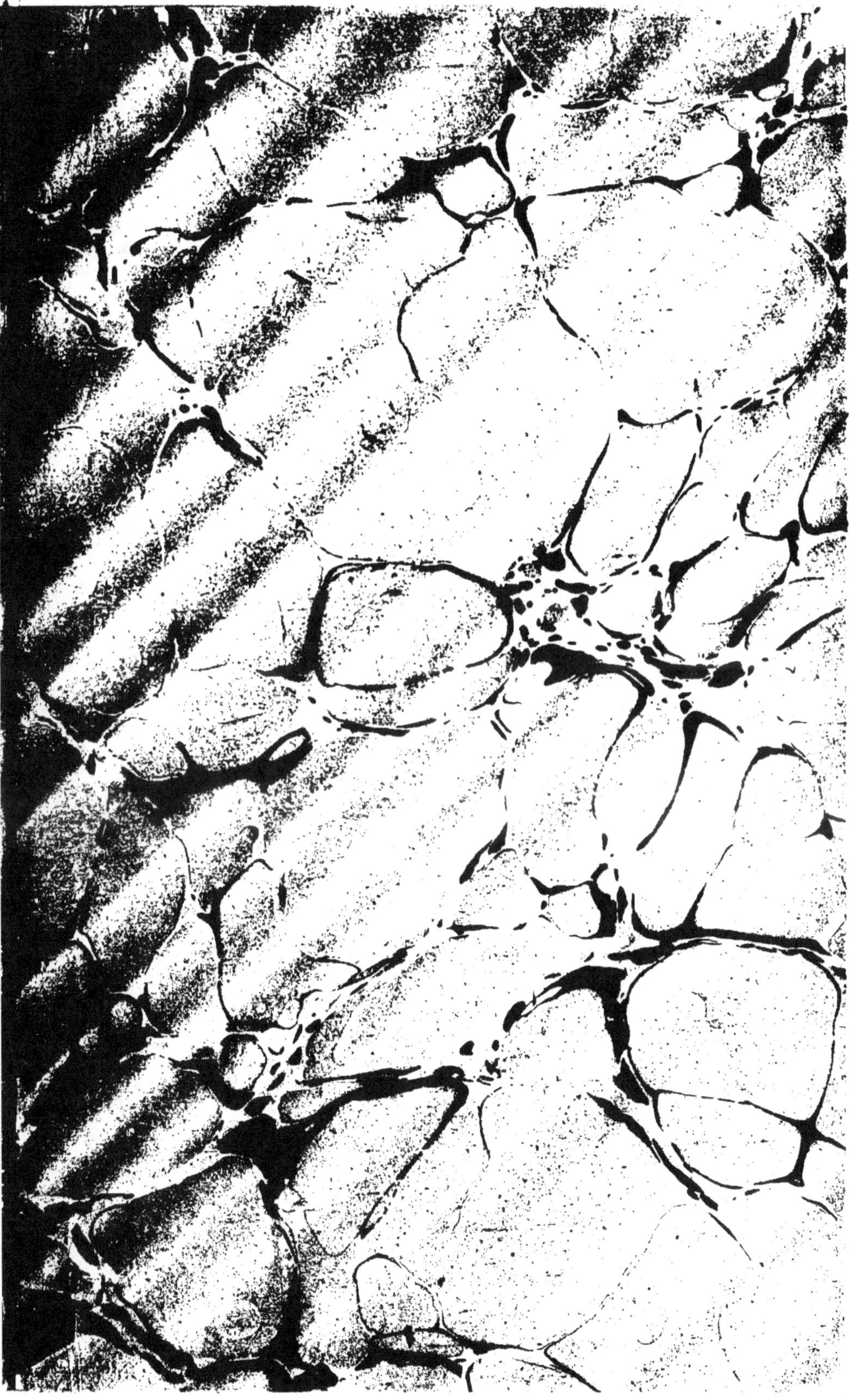

JACQUESON

COMTE DE TINGUY

La Chasse
de la Loutre

aux

Chiens courants

NANTES

ÉMILE GRIMAUD, IMPRIMEUR-ÉDITEUR

4, PLACE DU COMMERCE, 4

1895

LA CHASSE DE LA LOUTRE

Aux Chiens Courants

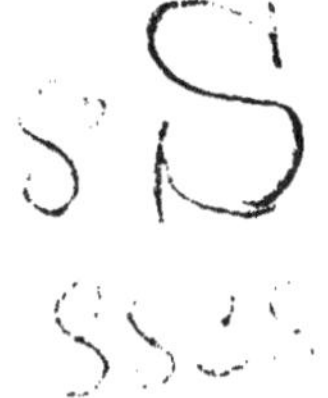

COMTE DE TINGUY

LA CHASSE

DE

LA LOUTRE

AUX

CHIENS COURANTS

NANTES

ÉMILE GRIMAUD, IMPRIMEUR-ÉDITEUR

4, PLACE DU COMMERCE, 4

—

1895

LA CHASSE DE LA LOUTRE

AUX CHIENS COURANTS

AVANT-PROPOS

Je défère au désir exprimé par d'aimables
sporstmen en écrivant ces quelques pages
sur ce que je sais de la loutre et de sa
chasse. Je serai très bref et ne dirai que
ce que m'a appris mon expérience, ce dont
je me crois certain. Toutefois, j'accepterai

volontiers les renseignements et les réfu-
tations de gens plus compétents.

Loin de moi la prétention de soutenir
que les habitudes de la loutre ne peuvent
varier selon les climats et la nature des
cours d'eau qu'elle fréquente.

Je n'ai pratiqué la chasse de ce quasi-
amphibie que dans l'Ouest de la France,
principalement dans la Vendée, les Deux-
Sèvres et les départements limitrophes.
Je dois ajouter pourtant que par la lecture
des différents travaux publiés, la plupart
en Angleterre et quelques-uns en Alle-
magne, sur ce sujet, ainsi que des vieux
ouvrages français traitant de la matière,
je suis fondé à croire que les habitudes
de cet animal ne varient pas sensiblement.
Ce qu'on est convenu d'appeler les lois du
progrès moderne est inconnu à la loutre,

et ses manières d'être sont restées ce qu'elles étaient au moyen âge.

Du côté de l'homme qui s'applique à la tuer ou à la prendre, on ne constate pas non plus de progrès bien notable. Les moyens actuellement employés pour cet objet diffèrent peu de ceux décrits par Du Fouilloux et autres vieux auteurs.

I

LE CHASSEUR DE LOUTRES

I

Le Chasseur de Loutres

Le sport que je me propose de décrire
est très peu pratiqué dans notre pays ;
plus d'un vieux chasseur en ignore l'existence et même la possibilité. J'ai pensé
qu'en le faisant connaître, je susciterais
peut-être des vocations, comme j'en ai déjà
vu éclore quelques-unes, bientôt couron-
nées d'un succès dont je suis tout heureux.

La chasse à la loutre, dont l'époque la
plus favorable commence précisément à
l'heure où les autres chasses finissent, peut

offrir aux disciples de saint Hubert, inoccupés de la clôture à l'ouverture, un passetemps plein d'intérêt et des plus agréables par les belles matinées d'été.

Ce n'est pas une distraction banale, car il y faut prendre de la peine, elle abonde en péripéties, et nulle autre chasse ne présente autant d'imprévu. Peut-être convient-elle mieux aux vieux chasseurs, car elle exige de la patience et de la réflexion, mais, par l'exercice qu'elle nécessite, elle est bien un sport de jeune homme.

Elle est très ancienne et assez appréciée en Angleterre, où l'on comptait treize équipages de loutre, il y a quelques années ; aujourd'hui le *Field* en note dix-huit ou dix-neuf. J'ai commencé par y suivre quelques chasses. Il est rare qu'elles réunissent moins de quarante à cinquante personnes ; souvent le nombre des assistants atteint ou dépasse cent-cinquante, y compris les ladies et les misses, qui y prennent leur part de plaisir.

C'est à quatre ou cinq heures du matin, en été, que sont fixés les rendez-vous ; l'endroit choisi est un pont ou un moulin de préférence. A l'heure sonnante, tout le monde, en demi-silence, se met en marche. Nos voisins n'admettent comme moyen de destruction ni le fusil, ni la pique ; les chiens, aidés fortement par les chasseurs, prennent et tuent la bête.

A mon avis, les chasseurs de loutres, en France, pourraient se diviser en trois catégories :

1° Ceux qui ont uniquement pour but de détruire ces animaux dans leurs environs. A ceux-là deux chiens suffiraient pour en prendre de dix à douze chaque année.

2° Ceux qui veulent étendre la destruction plus loin. Avec une petite meute de quatre à six chiens, ils peuvent arriver à vingt ou vingt-cinq prises, mais il leur faut déjà cheval et voiture.

3° Les amateurs qui envisagent la chasse à la loutre, non pas seulement comme un moyen de tuer, mais comme un sport auquel ils désirent consacrer leur temps. Ceux-ci, pour prendre un grand nombre d'animaux, c'est-à-dire pour chasser beaucoup et s'amuser, ont besoin d'avoir plus de chiens. Dès qu'on veut dépasser la moyenne des prises que font les équipages d'outre-mer, soit de vingt à vingt-cinq, on doit se donner bien plus de mal, faire de nombreux déplacements et à d'assez grandes distances. Il est indispensable d'avoir d'excellents chevaux, une bonne santé et aussi le dédain du confort ; il faut savoir se contenter, le soir, des plus mauvaises auberges, et ne choisir comme auxiliaires que des hommes sobres et disciplinés.

Si l'on veut accepter les invitations des

amis, des personnes aimables comme en est peuplée notre Vendée, par exemple, on passe un temps très agréable en leur compagnie, mais... on ne chasse pas ou, du moins. beaucoup de journées sont perdues pour le sport.

Le chasseur de loutres est donc obligé de mener une vie nomade. Il doit aller à l'aventure, d'un cours d'eau à l'autre, sans se préoccuper de l'endroit où sera son gîte du soir.

Un de mes meilleurs amis, grand amateur de tous les sports, qui m'a accompagné bien des fois dans mes déplacements, m'écrivait un jour en plaisantant :

« Je suis à peu près certain que cette lettre ne vous parviendra que dans huit jours au plus tôt ; vous serez parti au diable, profitant de ce beau temps, et vous devez vous éreinter par cette chaleur. Continuez à vous lever à des heures invraisemblables, à marcher quatorze heures par jour, à dormir deux heures par nuit, à manger des cuisines impossibles dans les auberges où vous descendez. Moi, je me repose. A vrai dire, j'envie bien un peu votre sport, mais je trouve que votre peine égale au moins votre plaisir. Cependant ne manquez pas de me prévenir, si vous vous rapprochez de moi. »

Il y a bien du vrai dans cette aimable plaisanterie ; mais, entraîné par la passion, on ne se laisse pas rebuter pour cela, et le succès vous a vite fait oublier ces misères.

Il a d'autant plus de prix pour les chasseurs de loutres, qu'il est pour eux plus inconstant. Ils ne doivent pas compter en effet sur une réussite régulière. Celui qui manquerait de ténacité pourrait être bientôt découragé, surtout s'il se déplaçait beaucoup, en juillet et août particulièrement. Il m'est arrivé de sortir huit ou dix jours,

CHASSE A L'EAU. — LES HOMMES GUETTENT AUX FILETS

une fois même quatorze jours de suite, sans
parvenir à rapprocher une seule loutre.
J'avais beau changer de rivière tous les
matins, plusieurs fois même dans la journée, je faisais invariablement buisson creux.
Cela dépendait de l'époque de l'année, de
la sécheresse, et surtout de ce que je
recherchais les petits cours d'eau faciles.
Sur de plus grandes rivières, j'aurais certainement trouvé plusieurs loutres dans
le même temps. Comme compensation, j'en
ai rencontré presque tous les jours en septembre et octobre. J'en ai pris quinze, du
1er au 11 octobre, en 1891.

Le chasseur qui ne se déplace pas fait
moins de buissons creux, car il se rend
compte tous les matins des loutres qui
montent et ne se met en campagne qu'à
coup sûr.

II

DES CHIENS POUR CHASSER LA LOUTRE

COMBIEN EN FAUT-IL ?

II

Des chiens pour chasser la loutre. — Combien en faut-il ?

Des chiens courants de toutes races peuvent être employés à la chasse de la loutre. Les plus ardents, ceux qui éprouvent le plus grand besoin de chasser, sont, en général, ceux qui s'y mettent le plus facilement ; mais il leur faut toujours un maître d'école. Le duc de Beaufort donne le nom d'un sportsman d'outre-Manche qui, avec vingt excellents chiens des meilleures races, parcourut les rivières trois années de suite, ne faisant pas moins de trois mille milles anglais, sans chasser une seule voie ni trouver un seul animal, absolument comme s'il n'en eût pas existé. Après ce temps, il adjoignit à sa meute quelques vétérans bien exercés dans le métier, et, à partir de ce moment, il trouva et prit des loutres partout.

Les chiens qui ont chassé un autre gibier, notamment les fox-hounds qui ont l'habitude du renard, se mettent très vite à cette chasse, lorsqu'ils ont déjà un certain âge, et ils y progressent plus rapidement que les autres. C'est surtout vrai des fox-hounds, et j'attribue cela à la ténacité particulière à ces chiens, très souvent froids et lents au début, mais persistants. Dans les autres races, cette qualité ne se rencontre pas chez les jeunes, du moins je ne l'y ai jamais constatée ; je ne l'ai trouvée que chez les vieux chiens. Elle est pourtant indispensable. C'est pourquoi l'on dit en Angleterre qu'un vieux chien n'est jamais à vendre, à moins qu'il n'ait jamais rien valu.

Ce qui a dû contribuer à faire donner la préférence aux griffons pour la chasse de la loutre, de l'autre côté du détroit, c'est que leur poil, même mouillé en les garantissant contre le vent, les préserve du froid : car les chiens à poil ras comme les fox-hounds vont aussi parfaitement à l'eau.

Les otter-hounds, dont nos voisins ont formé différentes variétés, ont des voix ravissantes, comme les autres races n'en ont pas. Il faut, toutefois, excepter ceux du Pays de Galles, dont la voix est courte et peu harmonieuse, le plus souvent, autant du moins que j'en puis juger d'après ceux que j'ai possédés ou vus. Très fréquemment, d'ailleurs, ils ressemblent beaucoup au fox-hound, ayant le même rein, étant pareillement culottés, gigottés, etc. : je suppose qu'ils en ont eu une forte infusion. Ils sont aussi très ardents à la loutre, peut-être sont-ils plus vifs à l'eau ; je leur reprocherais d'être plutôt trop vites. D'après ce que j'ai constaté, ils vivent moins vieux que la généralité des otter-hounds. Or c'est une grande difficulté de se remonter en chiens de loutre, vu la longueur de leur dressage. On n'a qu'à consulter sur ce point les maîtres d'équipage d'Angleterre. Dans ses ouvrages, parlant du sport qui nous occupe, le duc de Beaufort dit comme eux : « Il n'y a pas de chien vraiment bon, s'il n'a pas quatre saisons de cette chasse. »

Et je suis bien de cet avis. Si quelques individus font exception, cela tient au grand nombre de chasses qu'ils ont pu faire. Ainsi, j'en ai vu un qui était très bon au bout de trois saisons, mais il avait assisté à près de deux cents prises.

Si encore la règle des quatre saisons était générale ! Malheureusement, plus de la moitié des chiens restent médiocres, d'autres demeurent toujours inutiles. Il faut réformer, si l'on ne veut avoir des non-valeur ou des sujets insuffisants.

Pour qui ne regarde pas trop à la dépense, mieux vaut acheter et perfectionner qu'élever. Depuis bien des années, je n'élève pas. Je guette et fais guetter en Angleterre tous les équipages qui peuvent être mis en vente. Sur les dix-neuf ou vingt qui existent dans ce pays, il y en a un, en moyenne, tous les deux ou trois ans. Je tâche alors d'acheter le tout. Je laisse tous les jeunes au piqueur, je revends ceux de deux ans aux marchands pour un petit prix, estimant que les frais de voyage les rendraient trop chers, et surtout m'épargnant ainsi la peine de revendre en France l'excédent. Parmi les vieux ayant au moins quatre saisons de chasse, je choisis ceux qui me plaisent et cède les autres pour ce que j'en trouve.

Il m'arrive de les renvoyer en Angleterre, où les marchands en manquent toujours et les vendent un prix exorbitant aux personnes qui cherchent à en acheter par petites quantités. Neuf fois sur dix, naturellement, l'acquéreur est trompé sur la qualité des sujets dont le négociant lui vante les mérites ; j'ai été moi-même longtemps dupe et n'ai jamais eu un seul bon chien venant de chez un marchand. Cela se comprend : un maître d'équipage ne vendra jamais un très bon chien qu'il a mis tant d'années à dresser, à moins qu'il ne se défasse de toute la meute.

Les bassets offrent certains avantages pour la chasse à la loutre ; lorsqu'ils ont déjà chassé un autre gibier pendant quelques années, ils s'y mettent vite, souvent, du moins ceux qui goûtent cette voie-là.

Car il en est des chiens de cette espèce comme de tous les autres, même lorsqu'ils appartiennent à des races spéciales : beaucoup n'en veulent pas et d'autres restent toujours très médiocres. Les bassets font l'office du terrier dans les cas très exceptionnels où la loutre refuse de sortir de sa retraite, et où celle-ci a l'entrée assez large pour permettre à un petit chien de s'y introduire.

J'ai renoncé aux terriers, dont les trop rares services étaient compensés par des ennuis trop fréquents. On n'en trouve guère l'emploi à la chasse dont nous nous occupons. D'un naturel ardent, remuant, le terrier se jette de tous les côtés dès qu'il sent une voie de loutre ; lorsqu'il s'aperçoit que la bête est lancée, son ardeur redouble et son exemple entraîne une partie de la meute, les jeunes sujets surtout. Puis, il arrive fréquemment que les grands chiens, à l'hallali, ayant les yeux emplis de vase, le prennent pour l'animal de chasse et le déchirent à belles dents, si l'on n'a pas eu soin de le retirer avant ce moment-là. On perd ainsi beaucoup de terriers. Il est préférable de les remplacer par deux bassets.

A l'eau, ceux-ci ont une grande infériorité sur les chiens de plus forte taille : leurs courtes pattes ne leur permettent pas souvent de toucher le fond. Les grands chiens le peuvent, au contraire, la plupart du temps, et l'on comprend que c'est pour eux un précieux avantage. Aussi l'on peut dire que les chiens de loutre ne sont jamais trop grands. Mais les bassets ont bien leur mérite et leur utilité. Pour trouver, tuer, détruire des loutres, un bon chien de cette race peut en valoir un autre. En outre, les bassets sont plus facile à voiturer que des chiens de grande taille.

Un seul bon vieux chien suffit pour

faire prendre bien des loutres. C'est absolument comme pour les lièvres : on peut en
tuer beaucoup avec le concours d'un auxi-
liaire unique, fin de nez et connaissant bien
son affaire. Mais la chasse avec un seul
chien n'est pas la même que lorsqu'on en
emploie plusieurs. Le travail se fait moins
vite, naturellement, on a moins de chances
de lancer et le sport manque.

Tout le monde, pourtant, ne veut ou ne
peut avoir un équipage de douze à vingt
chiens. Heureusement, il n'est pas nécessaire d'être monté sur un tel pied. Avec
quatre chiens on peut avoir un joli sport et
tuer beaucoup sans grands frais, en prenant
même moins de peine qu'avec une meute
plus importante, et c'est la quantité qui me
paraît préférable. Mais quand on veut se
contenter de ce petit nombre, on doit éviter,
autant que possible, d'avoir des jeunes.
Un sur quatre, c'est déjà bien assez. Il

faut choisir des vieux, de très vieux si
l'on peut. Avec trois chiens âgés et des
hommes expérimentés, on tuerait plus de
loutres que le meilleur équipage d'Angleterre avec les meilleurs chiens de quatre et
cinq ans même.

III

JEUNES CHIENS ET VIEUX CHIENS

III

Jeunes chiens et vieux chiens

C'est une règle que j'ai déjà posée : pour la chasse à la loutre, les plus vieux chiens sont les meilleurs. Des jeunes, on ne peut attendre un concours efficace.

Qu'arrive-t-il, en effet, lorsqu'une loutre est lancée et se défend en demeurant sous l'eau, ou bien encore lorsque celle-ci recouvre l'entrée de la cache où la bête se tient, recevant par les pores de la terre, par les trous qu'y ont creusés les vers ou les taupes, l'air qui lui suffit quelques instants? Les chiens à leur première saison, n'ayant pas l'animal sous le nez, repartent sur la voie de la nuit. On les arrête, on les ramène; après une demi-heure, ne trouvant rien, n'entendant crier aucun de leurs vieux compagnons, ils vont et viennent, puis finissent par se coucher. Les chiens de deuxième ou de troisième saison persistent davantage. Imitant les vétérans, ils quêtent, sans rien trouver, une demi-heure, une heure, quelquefois un peu plus quand on les excite, puis ils vont se coucher comme les jeunes; mais ils n'ont pas tendance comme eux à courir les champs.

Les chiens qui ont quatre ou cinq saisons de chasse tiennent plus longtemps, quelques-uns même ne se lassent plus de chercher; mais cette ténacité que rien ne décourage, qui résiste à une quête inutile de deux, quatre, huit heures quelquefois, ne se rencontre guère que chez le vieux routier. Vous le voyez aller, sans s'arrêter, d'une souche à l'autre, explorer en tous sens et de bout en bout toute la surface extérieure d'un terrier, descendre à l'eau, remonter sur l'excavation, flairant le sol à quelques mètres du bord, grattant, hurlant même comme s'il criait au perdu, d'une voix qui ressemble à une prière au ciel, ce qui fait dire à quelques spectateurs que le chien radote. Pas du tout : il sait que la loutre est là, il en a eu connaissance en dégarnissant la terre ; il travaille jusqu'à ce qu'il soit épuisé, et souvent, après deux, quatre heures et plus, il arrive à trouver l'animal, qui lui-même est déjà fatigué. A cette chasse, je crois devoir insister là-dessus, un chien n'est jamais trop vieux. Si âgé qu'il soit, tant qu'il pourra marcher, il rendra des services qu'il ne faut jamais attendre des jeunes.

Lorsqu'un vieux bon chien va et vient

dans un rayon de cent mètres et ne veut
pas quitter la place, on peut être certain
qu'une loutre est partie de là et qu'il ne la
retrouve plus. Pour faciliter le travail de
mes auxiliaires à quatre pattes, je me sers
d'une vrille T en fer, qu'un homme enfonce
dans la terre pour la sonder ; les vétérans
suivent cet homme pied à pied, et dès que
l'ouverture pratiquée par l'instrument donne
communication avec la retraite de la loutre,
ils poussent des cris de joie. Jusqu'à ce
moment-là, ils visitent successivement tous
les petits trous faits par la sonde, dans un
complet silence.

J'ai eu beaucoup de vieux chiens qui,
après sept ou huit heures de chasse, n'ayant
eu qu'une première connaissance de l'animal, ne voulaient pas rentrer au chenil ;
arrivés au logis, ils échappaient à la surveillance et retournaient de toute leur vitesse
à l'endroit où l'on avait sonné la retraite

manquée. Il fallait aller les chercher; autrement ils y auraient passé la nuit.

J'ai même dû quelques prises à ces retours forcés. C'est qu'en effet, la loutre que l'on ne parvient pas à découvrir se sent parfois très mal à l'aise; aussi, dès qu'elle n'entend plus aucun bruit, elle sort prudemment, puis, se jugeant débarrassée de ses ennemis, elle en profite pour changer de place et, le plus souvent, elle ne trouve pas un refuge aussi sûr que le précédent.

IV

RENSEIGNEMENTS POUR CHASSER
LA LOUTRE

IV

Renseignements pour chasser la loutre

A moins qu'elle ait des petits, la loutre n'est point sédentaire. Tout au plus séjourne-t-elle quelque temps dans un rayon de cinquante à soixante kilomètres. Celles qui sont parties sont remplacées par d'autres, nomades comme elles : c'est pourquoi il y en a toujours, à plus ou moins longs intervalles, dans les mêmes ruisseaux.

La chasse à la loutre présente une foule de difficultés ; c'est ce qui en fait le charme. Le chien y est beaucoup, mais l'homme

plus encore. Les cent meilleurs chiens seuls
ne prendraient pas cinq animaux par an,
pas un seul même là où l'eau est un peu
profonde, tandis que deux ou trois hommes
expérimentés, aidés de chiens même très
médiocres, en prendraient un grand nombre.
Il en faut, cependant ; leur concours est
indispensable.

Pour débuter, je conseillerai de choisir
un ruisseau où l'eau n'est pas courante, de
le prendre non loin de sa source et de le
descendre. Voici pourquoi :

Tous les chiens, même les meilleurs,
chassent le contre aussi bien que le droit,
jamais ils ne distinguent ; c'est l'homme
qui doit reconnaître par le pied la direction
de l'animal, et cela est très difficile. Dans
une foule de cas, il n'y a pas de revoirs.
Les rivières non courantes offrent, à cet
égard, des avantages ; puis, en les suivant
en aval depuis la source, on arrive à la

CHASSE À L'EAU. — LES HOMMES GUETTENT AUX FILETS

loutre, si elle monte; on descend avec elle, si elle est montée la veille. Le parcours moyen de ces animaux, chaque nuit, est de huit à seize kilomètres; les mâles en font quelquefois jusqu'à vingt. Il y a rarement des retours.

Il est bon d'être trois, et mieux d'être quatre. Il faut être au moins deux, un de chaque côté de la rivière; mettre les chiens autant que possible sous le vent, de façon que celui-ci leur apporte les émanations, les obliger par tous les moyens à aller doucement, les laisser couplés ou leur suspendre au cou de gros billots, au besoin (c'est ce que je fais pour la moitié des miens). Mais il est absolument nécessaire qu'ils n'aillent pas beaucoup plus vite que les chasseurs : 1°, parce que, dans leur ardeur, ils dépasseraient la loutre; 2° parce que, s'ils la lançaient, on ne la verrait pas partir. Règle générale : au premier cri, la loutre détale et prend l'eau, se dirigeant vers une autre cache ; si elle reste et s'attarde dans celle qu'elle occupe, c'est qu'elle n'en connaît pas de meilleure, ou qu'elle s'est aperçue que quelqu'un la guettait.

Dès que les chiens semblent annoncer la présence de l'animal, deux hommes doivent se poster à vingt, quarante, voire même cent mètres, en haut et en bas, dans le ruisseau ou la rivière, de chaque côté de l'endroit où la bête a été signalée ; choisir une place où il y ait le moins d'eau possible, pour être certain que la fugitive ne peut descendre ou monter par là sans être aperçue, et, quoi qu'il arrive, ne plus bouger. Tôt ou tard, la loutre passera à l'un deux ; mais elle se fait prier quelquefois plusieurs heures, si elle pressent des dangers ou des difficultés.

Quand il y a trop d'eau à l'endroit du lancé, on tend des filets fortement plom-

bés en amont et en aval. Si la loutre passe à un homme de vigie, il la signale, mais ne bouge pas ; celui qui est plus bas ou plus haut remonte ou descend pour se poster en avant d'elle, afin qu'elle soit toujours entre les deux. Pendant ce temps, le troisième fait chasser les chiens et tâche de suivre les mouvements de l'animal. Avec un peu d'habitude, on s'en rend compte par les bulles d'air qui se dégagent du fond ou à l'aide d'autres signes qui échappent aux personnes inexpérimentées.

La loutre est très intelligente et douée d'une façon exceptionnelle sous le rapport des yeux. Elle voit dans l'eau par les nuits les plus noires, ceci est reconnu ; elle voit, le jour, dans les eaux les plus troubles, je l'ai constaté maintes fois.

Pendant les premières heures de la chasse, elle se défend bien, et quand la rivière est profonde, les chiens en ont à peine connaissance. Après un certain temps, elle se fatigue de tenir le fond de l'eau, elle est effrayée surtout et finit par perdre la tête. C'est alors que les chiens peuvent la prendre ; mais il faut des hommes, de l'expérience et bien des choses pour en arriver là ; ce serait trop long à écrire ici. Le plus pratique, lorsqu'on veut détruire, est d'en terminer le plus tôt possible. Pour cela, le moyen le plus simple est de se servir d'une petite fourche en acier très pointue, se vissant à une perche de trois à quatre mètres ; la meilleure longueur est de trois mètres cinquante pour les débutants. Le tout doit être léger et bien conditionné. Je connais un ajusteur qui s'est fait de ces engins une spécialité ; le prix en est de quinze francs environ.

Le fusil est peu pratique ; à une certaine profondeur, il ne tue pas ou il tue mal, et, par ricochet, risque de blesser hommes et

chiens. On prend dix loutres à la pique
contre une au fusil; tous ceux qui ont es-
sayé des deux procédés ont renoncé à ce
dernier.

Lorsqu'on habite ou qu'en déplacement
on loge tout près d'une rivière, il faut avoir
soin d'en barrer le lit d'une façon solide,
pour empêcher la loutre de se sauver par
eau; choisir un endroit où les bords lui
soient accessibles et où ils soient vaseux
de chaque côté. Trouvant la rivière barrée,
l'animal monte sur l'une ou l'autre rive
pour tourner l'obstacle, y laisse l'empreinte
de son pied sur la vase naturelle ou sur
celle qu'on a eu soin de faire, en délayant
de la terre, sur les points où l'on supposait
qu'il pouvait attérir. Le matin, un ou deux
chiens ne criant que sur la loutre vous di-
ront tout de suite, à l'endroit du barrage,
si elle est passée. Vous verrez alors sur la
vase, par le volcelest, la direction qu'elle

suit et vous aurez la certitude de chasser le droit. Ce système fait prendre une foule de loutres en rendant le rapproché extrê- mement facile; pour mieux dire, il en sup- prime, neuf fois sur dix, toutes les diffi- cultés.

Celle qui subsiste et avec laquelle il faut compter, car elle empêche fréquemment, même les plus vieux praticiens, de lancer, c'est le forlongé à l'eau. Très souvent, la loutre suit le lit de la rivière sur une dis- tance d'un à trois ou quatre kilomètres, sans toucher à quoi que ce soit, avant de se remettre dans la cavité ou sur la souche où elle doit passer la journée. A l'eau, elle ne laisse pas de voie. Dans ce cas, on est exposé à revenir trop tôt, pensant avoir dépassé l'animal et ne l'avoir pas trouvé parce qu'il se tenait bien coi dans quelque bonne cache privée d'air, ce qui est fort rare.

Le chasseur qui n'a pas lancé après avoir fait de longs devants, des retours et bien battu les bords, doit, s'il veut se rendre compte de la place occupée par la loutre qu'il n'a pu faire partir, retourner le lendemain à l'endroit parcouru la veille et suivre la rivière jusqu'à ce qu'il ait rencontré la piste ; c'est là, à deux cents mètres près, tout au plus, que se trouvait l'animal non lancé. Et il n'y a pas l'ombre d'un doute. En effet, en partant le soir pour faire sa nuit, la loutre n'a rien de plus pressé que de monter sur une pierre et plus ordinairement sur la terre pour fienter, elle n'y manque pour ainsi dire jamais, et les chiens retrouvent cette place, souvent quarante-huit heures après.

Ce second jour, les difficultés du rapproché sont encore aplanies, puisque l'on connaît le point de départ.

Le pied du mâle, dont le poids est, en

général, de quinze à vingt livres, est beaucoup plus gros que celui de la femelle, qui pèse seulement de dix à douze livres en moyenne.

Il arrive que, rapprochant une femelle, on lance un mâle : c'est que celui-ci monte, tandis que la première descend, ou *vice-versa*.

Sauf pendant le rut, les loutres voyagent toujours seules, s'éloignant toujours les unes des autres. Cette chance de lancer un animal que l'on ne chasse pas, est une des raisons pour lesquelles on doit toujours tenir les chiens près de soi ; elle fait, du moins, ressortir l'utilité de cette précaution.

Les loutres, depuis qu'une rivière existe, passent toujours aux mêmes endroits ; elles affectionnent les mêmes caches, les mêmes arbres, elles y stationnent l'une après l'autre, pourvu qu'on ne les détruise pas en chassant. Mais si les chiens y mettent le nez ou les pattes, il faudra que la pluie ait bien lavé la retraite profanée avant qu'il y revienne un hôte.

Lorsqu'une loutre est prise à la pique, il est préférable de la noyer, en ayant soin d'empêcher que la tête émerge : c'est l'affaire de cinq minutes au plus. En laissant la tête sortir de l'eau, on s'exposerait à être mordu, si l'on y touchait, et à faire blesser les chiens. La morsure de ces amphibies est plus pénétrante que celle du blaireau, et aussi vigoureuse, si ce n'est davantage. J'ai eu nombre de chiens très à la chair, qui ne pouvaient maintenir seuls une loutre, à cause des cruelles blessures dont ils étaient criblés presque instantanément, et qui pourtant tenaient, tuaient même un blaireau.

La bête étant sortie de l'eau aussitôt qu'elle est morte, sa peau sèche vite. Mais il serait imprudent, barbare et injuste de ne pas laisser les chiens fouler, légèrement au moins, leur animal de chasse.

V

LA CHASSE RÉGULIÈRE

V

La chasse régulière

En général, la chasse de la loutre se compose du rapproché, du lancé, de la chasse à l'eau et de la prise. Celle-ci est effectuée au fusil, si l'on veut, ou à la pique, ce qui est infiniment plus sûr, ou par les chiens, manière plus belle, mais beaucoup plus difficile que les autres et nécessitant un bien plus nombreux personnel.

Le rapproché est plus ou moins long, suivant le trajet nocturne de la loutre et surtout selon le point de ce trajet où l'on rencontre la voie. Si l'on découple au départ même de la cache où se tenait l'animal la veille, il aura probablement de dix à seize kilomètres. Si le découplé est fait au milieu du parcours, le rapproché sera abrégé de moitié. Lorsqu'il a lieu près de l'endroit où la loutre a terminé sa descente ou sa montée, le lancé peut se produire presque aussitôt. C'est une chance que j'ai eue bien des fois, et elle est fort appréciée des personnes qui n'aiment pas les longues marches.

Pourtant le rapproché est intéressant, il est presque toujours joli. Mais, par les grandes chaleurs et en prévision des difficultés de la chasse à l'eau, on désire souvent raccourcir la voie ; j'en dirai le moyen.

Après le rapproché, le lancé. Si vous êtes au courant, vos hommes de vigie sont aussitôt envoyés à leur poste, en haut et en bas. Ce sont eux qui ont le plus de chances de

voir l'animal et de le tuer, quel que soit le
procédé adopté. Si c'est le fusil, ils doivent
se tenir dans la position du chasseur à
l'affût.

Dès qu'on aperçoit la loutre venant respirer le long d'un terrier, on tire à la tête. A
plus de vingt mètres. c'est à peu près inutile. Encore, même à cette courte portée,
faut-il se servir de plomb double zéro ou
même plus fort.

Je n'ai pas vu tuer de loutre, en tirant
dans l'eau, à plus de vingt centimètres de
profondeur et à plus de trois mètres de
distance. Aussi n'ai-je que rarement employé ce procédé, de réussite trop problé-
matique et dangereux pour les hommes
comme pour les chiens. La pique telle que
je l'ai décrite, en forme de fourche droite,
et vissée à une perche de trois à quatre
mètres est un engin beaucoup plus efficace.
Lorsque les eaux sont claires, vous pouvez

harponner à une grande profondeur, puis vous laissez l'animal se noyer et vous le retirez à votre aise.

La prise par les chiens ne demande pas moins de deux à trois heures, tandis que, par les autres procédés, ce peut être l'affaire de quelques minutes. Quand on veut prendre de cette manière, il est indispensable d'être nombreux et il faut aider beaucoup plus les chiens ; autrement ceux-ci ne s'empareraient jamais de l'animal.

En Angleterre, aussitôt qu'il est lancé, plusieurs personnes se mettent à l'eau ; souvent elles y entrent en grand nombre, se tenant côte à côte et barrant la rivière, en amont et en aval. Les deux bandes marchent l'une vers l'autre, de façon à restreindre le parcours laissé à la loutre. Sur les deux rives, d'autres pelotons piétinent, sautent lourdement sur la terre, partout où la bête peut aller respirer ; on l'effraye, on l'oblige à se fatiguer à l'eau. Chaque fois qu'elle se montre, elle est accueillie par de bruyants « taïaut! » On les prodigue, contrairement à ce qui a lieu dans les autres chasses ; à celle-ci, ils sont utiles. Épouvantée, empêchée de sortir par les gens qui font tapage sur les bords, la loutre s'épuise et, finalement, après avoir été happée et lâchée plusieurs fois par un ou deux chiens, elle est prise par trois ou quatre, qui la tiennent jusqu'à ce que tous les autres arrivent.

J'ai déjà dit que les chiens capables de tenir seuls une loutre sont excessivement rares ; je n'en ai jamais eu. On m'en a montré dans les équipages anglais, mais ce sont des animaux tout à fait exceptionnels, et M. Collier les cite comme des curiosités.

Telle est, sommairement décrite, la chasse ordinaire, abstraction faite des complications.

Lorsqu'on pratique ce genre de sport dans le pays que l'on habite, on connaît ou l'on doit connaître toutes les routes et tous les ponts qui traversent les cours d'eau : c'est là qu'il faut se rendre en voiture avec hommes et chiens. Pour raccourcir la voie, on fait descendre deux de ces derniers, propres à remplir l'office de limiers, ne chassant que la loutre et criant exclusivement, l'un sur les voies fraîches, l'autre sur les voies de relevé. Les chiens vigoureux de trois à quatre ans sont ordinairement les meilleurs pour ce travail. Quand ils en ont l'habitude, à peine sortis de voiture, ils se hâtent de courir sur le bord de l'eau, où vous les suivez, en descendant ou en remontant la rivière, pendant cinq cents mètres ou un kilomètre — ce qui est plus sûr. Si dans cet espace ils n'ont rien trouvé, c'est qu'il n'est pas passé de loutre pendant la nuit. Pour en être absolument sûr, il faut chercher un endroit où l'eau ne coule plus, où la loutre aurait été obligée de marcher sur la terre. Un moulin est ce qu'il y a de plus propice, lorsque la rivière est courante ; mais, en général, dans le voisinage d'un pont, il y a toujours une connaissance : on la trouve sans aller loin, lorsqu'une loutre a circulé par là dans la nuit.

S'il n'y a pas de voie, vous vous rendez à un autre pont, plus haut ou plus bas. Mieux vaut aller à huit ou dix kilomètres plus loin : en restant trop près, on perdrait du temps. Si, dans cet essai, le chasseur n'est pas plus heureux, il en tente un autre, gagne un troisième pont, puis un quatrième. Si ses recherches sont toujours inutiles, il change de cours d'eau et, sur ce nouveau théâtre, il procède de la même façon.

J'ai souvent ainsi visité trois et quatre rivières dans la même journée, faisant en voiture jusqu'à quatre-vingts kilomètres avant midi. C'est ce que j'appelle raccourcir la voie.

Dès que vos limiers vous indiquent le passage d'une loutre, vous vous empressez de courir à eux et vous essayez de voir de quel côté le pied de l'animal est tourné, afin de savoir s'il monte ou s'il descend. Il peut arriver que la dureté du sol, l'herbe ou l'eau dont il est recouvert rendent cette constatation impossible. Vous examinez alors le terrain : s'il est très élevé d'un côté et bas de l'autre, la loutre est montée par le côté bas, c'est par l'autre qu'elle est descendue ; vous avez au moins une présomption. Si vous n'êtes pas fixé, vous allez plus loin avec vos deux chiens, regardant devant eux si vous trouvez des pieds, et vous ne revenez aux voitures qu'après avoir acquis une certitude ou reconnu l'impossibilité de l'avoir.

Avec un peu d'habitude, sur les rives garnies d'herbe, on distingue, à la façon dont celle-ci est penchée, dans quel sens a marché la loutre. Souvent aussi, la position du laissé l'indique : il est toujours tourné du côté opposé à la marche.

Étant bien certain de la direction à donner aux chiens, vous revenez aux voitures. Connaissez-vous le pays, vous voyez ce que vous avez à faire ; dans le cas contraire, vous consultez la carte, qu'il faut toujours avoir soin d'emporter. Celle des agents-voyers est de beaucoup la plus commode ; on s'y retrouve très facilement.

Si vous désirez abréger la course à pied, vous ne dételez pas, vous vous rendez au trot, sans perdre une minute, à un pont situé plus haut ou plus bas, selon le sens de la piste. Là, vous descendez de nouveau avec vos limiers ; s'ils retrouvent la voie, l'animal n'est plus loin. Vous pouvez,

cependant, gagner un nouveau pont pour
voir si elle continue ; mais s'il est assez
distant du premier, il est préférable de
dételer. Vous attachez les chevaux à un
arbre, vous les couvrez bien et leur sus-
pendez au cou un petit sac contenant une
provision d'avoine, car on ne sait jamais
quand on reviendra ; cela fait, vous partez,
en ayant soin de donner le bon sens aux
chiens, qui chasseraient également bien
dans l'autre.

Si vous êtes allé jusqu'au deuxième
pont et que la voie retrouvée au premier
n'y continue pas, c'est que l'animal est
entre les deux. Vous devez dételer, c'est
tout indiqué. Vous rétrogradez en suivant
la rivière, marchant au-devant de la voie.
Ayez bien soin que les chiens aillent doucement, le plus grand nombre sous le
vent, qu'ils ne passent pas une souche.
Cette méthode de marcher sur la loutre, sans

voie, est la meilleure pour lancer. Les chiens, n'ayant eu aucune connaissance, ne sont pas excités, ils cherchent sagement, et, dans ce cas, il est bien rare qu'on passe au bon endroit sans trouver. Mais, aussitôt la bête lancée, il faudra s'occuper de certains jeunes chiens qui partiraient sur la voie de la nuit, leur plaisant beaucoup mieux que la très faible connaissance laissée par la loutre au départ.

Lorsque vous reprenez le pied au deuxième ou au troisième pont, les chiens sont quelquefois si ardents qu'ils vont plus loin que la loutre, cherchant la voie et espérant encore la trouver. Si, étant arrivés à un gué où l'animal n'aurait pu passer sans toucher terre, ils ne vous indiquent rien, vous devez rebrousser chemin. Sans un gué ou un moulin, vous ne sauriez avoir de certitude. Vous retournez donc sur vos pas, empêchant les chiens de chasser la

voie sans fouiller, les obligeant à battre
seulement les bords, comme quand vous
marchez au devant de la loutre. Les vieux
comprennent tout de suite ce qu'il y a à
faire ; le plus souvent même, les très vieux
ont l'habitude de s'occuper plus du lancé
que de la piste, ce sont les plus précieux
et les plus agréables. Lorsqu'on a la chance
de posséder quelques-uns de ces chiens
qui ne font que goûter la voie et ne s'in-
quiètent plus ensuite que de trouver leur
animal, on est délivré d'une des grandes
difficultés de cette chasse ; on ne doit
jamais s'en défaire sans être certain de les
avoir remplacés.

Il résulte de cette façon de chasser que
ce sont presque toujours les mêmes chiens
qui lancent ; les Anglais les appellent les
trouveurs. J'en ai eu qui paraissaient avoir
du malin à un degré très accusé et qui
étaient remarquables comme lanceurs, seu-

lement ils criaient peu et rien que sur les
pistes très fraîches.

Si vous n'êtes pas parvenu à lancer et
que vous ayez la patience de revenir le
lendemain, le rapproché sera plus facile,
car vous n'aurez pas à résoudre la question
du droit et du contre : vous n'aurez même
pas à vous occuper du pied pour commencer. L'animal, en sortant de la cache d'où
il n'a pas été délogé, sera monté sur la
terre ou sur une pierre hors de l'eau pour
faire ses besoins, et tous les chiens crieront
à cette place.

Vous vous rendrez compte alors de la
raison pour laquelle vous n'avez pas lancé.
Le plus souvent même, les chiens trouvent
la retraite abandonnée la veille. Là, vous
jugerez si vous étiez allé assez loin, si vous
étiez dans la bonne direction, etc., et vous
pourrez, une autre fois, tirer profit de ces
remarques. Mais, cette autre fois, attendez-

vous à autre chose, car il y a souvent des surprises.

Quoique, le deuxième jour, la difficulté du droit et du contre soit presque supprimée, il est bon de voir le pied, si l'on peut, pendant le rapproché, surtout à la fin, car il arrive quelquefois que la loutre fait un petit retour, au moment de se remettre dans la cache où elle passera la journée, et qui a déjà servi de refuge à nombre de ses congénères. D'autres l'y remplaceront successivement.

Obéissant aux lois suivies par les animaux sauvages, les loutres, comme j'en ai fait précédemment la remarque, passent et s'arrêtent presque toutes aux mêmes endroits. Elles y sont attirées par la configuration du terrain ou les commodités qui avaient séduit leurs devancières. J'en ai trouvé cinq ou six aux mêmes places, à plusieurs mois ou plusieurs années d'intervalle.

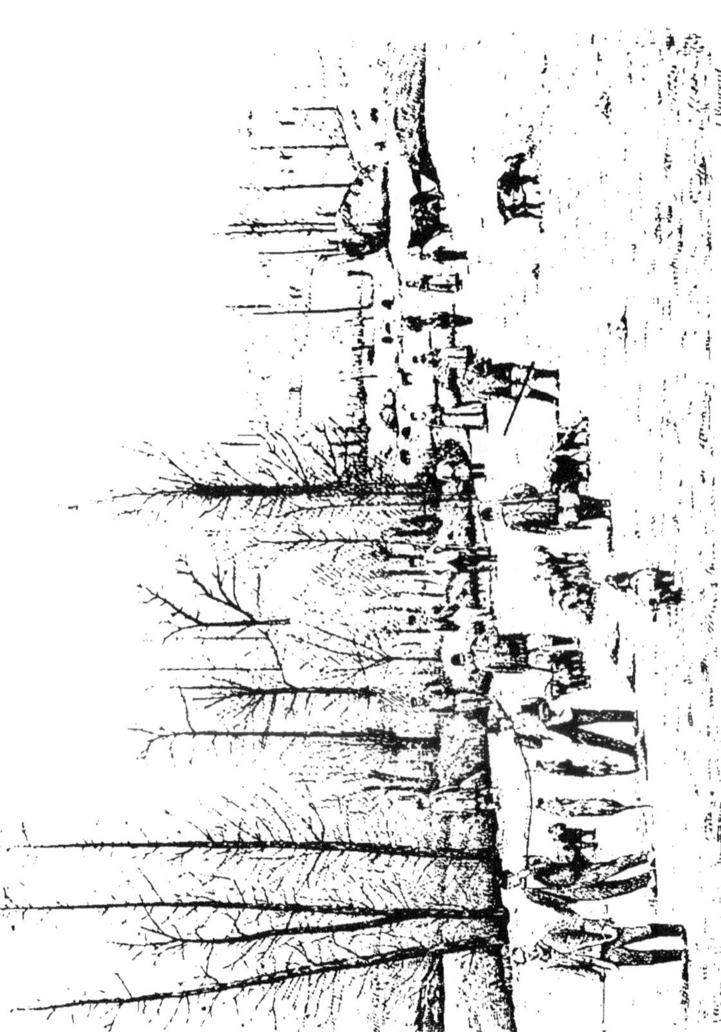

Malgré toutes les chances de réussite que vous ménage la chasse d'une même loutre le second jour, il est possible que vous ne soyez pas plus heureux que la veille, tout en pensant avoir très bien chassé, et que le troisième jour vous réserve même déconvenue. Ces cas-là sont excessivement rares ; ils ne se produisent que lorsqu'on a affaire à une jeune loutre qui s'obstine à rester au même endroit, ne voulant pas prendre un grand parti, ce qui arrive quand le haut d'une rivière desséchée lui offre peu de ressources, et que des étangs, dans le voisinage, lui fournissent un parcours et des vivres.

Je vais citer un exemple de ce fait.

C'était en Maine-et-Loire, près de la forêt de Vezins, vers le haut de la rivière le Lys, à trente kilomètres du chenil d'où j'étais parti le matin, de fort bonne heure, car nous étions en plein été. Je trouvai une voie, que je chassai. Le pied, difficile à distinguer sur un fond de pierres, indiquait aller et retour, mais impossible de reconnaître le plus frais, ni lequel couvrait l'autre. Il fallut aller au bout de la voie dans les deux sens. En haut, nous aboutîmes à des étangs petits et propres, où la loutre ne pouvait être ; en bas, la rivière, souvent à sec, ne lui eût pas permis de voyager la nuit sans laisser de connaissance. Nous passâmes la journée à aller et venir, sans aucun résultat.

Le deuxième jour, nous constatâmes que la loutre avait fait le même trajet sur la rivière, mais qu'elle avait changé d'étang. Cela ne nous avançait guère, car dans celui-ci elle ne pouvait être restée non plus. Après avoir bien battu tous les bords, nous nous décidâmes à épuiser quelques fosses, où de grosses souches semblaient offrir à une loutre de commodes refuges... Rien !

Le troisième jour, encore même parcours sur la rivière. Mêmes recherches, mêmes déboires. Je voulus avoir à tout prix le mot de l'énigme.

Je partis à minuit, emmenant avec moi deux hommes et quatre vieux chiens très créancés, auxquels j'avais fait mettre des grelots pour pouvoir me rendre compte s'ils m'accompagnaient dans l'obscurité. La nuit était très noire, c'est à peine s'il était possible de se diriger. Nous nous rendîmes à l'endroit le plus bas où la loutre avait coutume de doubler ses voies, puis nous remontâmes. Nous avions parcouru les deux tiers du trajet des précédentes nuits, nous étions à sec depuis longtemps et aucun chien n'avait encore crié. Nous étions on ne peut plus surpris et nous ne comptions plus que sur les étangs, lorsque tout à coup, dans une prairie longeant la rivière, deux chiens se récrient; ils chassent très vivement et nous les suivons avec peine, ne distinguant rien devant nous. Nous arrivons à un étang où nous reconnaissons que la loutre est lancée. En faisant le tour avec les chiens, nous constatons qu'elle y est réellement, car il n'y a pas de sortie. Nous arrêtons la chasse et nous nous assurons encore mieux que l'animal est bien effectivement là. Ensuite, nous retournons avec les chiens à l'endroit où nous avions pris la voie. Chacun s'installe, soit dans le lit de la rivière, soit sur le bord avec un chien pour éventer, de façon à empêcher la loutre de revenir à sa cache introuvable, et nous attendons le jour prochain. A cette époque de l'année, le soleil se lève à quatre heures. Dès qu'il apparaît, nous rentrons pour ramener toute la meute.

Au retour, je constatai que la loutre, nous ayant éventés, n'était pas revenue. Elle avait été obligée, après avoir quitté l'étang, de suivre un petit ruisseau où tout refuge lui manquait. Le jour l'ayant surprise, elle s'était blottie, sur le bord, dans un buisson très épais, à environ trois kilomètres de l'étang. Son lancé fut facile, sa chasse fut un quart d'heure de plaisir. Sortant sans cesse de l'eau trop étroite, elle passait entre les jambes des hommes et les pattes des chiens. Je la saisis enfin par la queue et la livrai aux chiens, que sa chasse mouvementée et souvent à vue avait rendus ivres de joie.

Mais le plus intéressant était de découvrir la fameuse cache qui nous avait fait tant chercher. Nous retournâmes prendre la voie de la nuit en chassant le contre. Elle nous conduisit à l'endroit où nous l'avions trouvée ; là, plus rien. Il n'y avait pas plus de cinquante centimètres d'eau dans la rivière, les bords étaient tout dégarnis ; à cent mètres en dessus et en dessous, le lit était à sec : donc, la loutre n'avait pu être là. Mais de la rivière partait un petit fossé ayant vingt centimètres d'eau et long de cent mètres, qui communiquait avec un abreuvoir pour bestiaux, très profond, situé entre deux prairies. Les bords de cet abreuvoir étaient nets ; cependant, à deux mètres du bord, se dressait un gros frêne haut de quinze à dix-huit pieds. Il ne semblait pas creux, et pourtant il l'était : c'était là que la loutre s'était tenue pendant trois jours. Elle y venait par l'eau du fossé depuis la rivière, elle y rentrait par dessous celle de l'abreuvoir, par conséquent sans laisser aucune trace de son passage. L'arbre, étant creux, formait un petit tube jusqu'au sommet ; elle respirait l'air qui lui venait d'en haut. Les chiens étaient bien passés et repassés tout près de son asile, mais aucun souffle n'avait pu leur apporter une émanation révélant la présence de la prisonnière. Le petit fossé qui conduisait à l'abreuvoir avait échappé aux regards des chasseurs, et personne, du reste, n'aurait pu se douter qu'un animal était logé dans cet arbre ne paraissant pas habitable.

Cette loutre était un jeune mâle de quinze livres. Il est à remarquer qu'il n'y a que les jeunes de l'un ou de l'autre sexe qui restent plus d'un ou deux jours au même endroit.

Il est rare de chasser une loutre plus de deux jours, si elle a eu connaissance de la chasse, surtout si elle a été lancée, parce qu'en général ces animaux cherchent les eaux larges et profondes pour se mettre à l'abri le second jour. S'ils ont encore été manqués ce jour-là, ils sont ordinairement imprenables le troisième. Mais s'ils ont été seulement rapprochés et non lancés, ils continuent souvent leur route, en y mettant généralement une grande prudence, c'est-

à-dire en quittant l'eau le moins possible.
J'ai pris très fréquemment des loutres le
deuxième jour de chasse, quelquefois le
troisième et aussi le quatrième, une fois
même le sixième. Voici comment les choses
se passèrent en cette dernière circonstance:

Le premier jour, l'animal ne put être
lancé. Le lendemain, il le fut dans un
endroit où nous le jugeâmes imprenable.
Les chiens furent arrêtés aussitôt pour
qu'il ne fût pas effrayé, dans l'espoir qu'il
continuerait sa marche ascendante. Nous
nous retirâmes en descendant, mais en
ayant soin de rester quelques instants à
une certaine distance, en faisant du bruit.
La loutre qui entend du tapage d'un côté,
redoutant sans doute quelque danger dans
cette direction, s'en ira souvent, le soir, du
côté opposé.

Le troisième jour, en effet, notre animal
était monté, mais il était allé se remettre

sur un grand étang, au milieu des nids de judelles. Le quatrième, il était revenu dans une partie de la rivière où il était encore impossible de le prendre. Aussitôt après le lancé, les chiens furent arrêtés comme la veille et l'avant-veille.

Cependant, le cinquième jour, la loutre ayant été trop souvent inquiétée, s'était décidée à descendre, et il était visible que son parti était bien pris. Elle se cachait même si bien qu'on ne put la lancer. Mais, grâce à la configuration de la rivière, nous devinâmes à peu près l'endroit où elle devait être. A un kilomètre au dessous de sa remise présumée, un ruisseau beaucoup plus petit venait se jeter dans notre cours d'eau. A quelques centaines de mètres plus bas, je fis barrer la rivière avec des filets et plaçai là des hommes pour guetter pendant la moitié de la nuit avec des chiens, en faisant du bruit. J'espérais forcer la loutre à remonter le petit ruisseau. C'est ce qui arriva ; elle le suivit jusqu'à sa source, sur une distance de huit kilomètres environ. De là, elle prit la terre, faisant à sec à peu près une lieue, et alla tomber dans une rivière d'un autre versant, où elle s'arrêta presque aussitôt : ce qui prouvait d'abord qu'elle avait été effrayée, ensuite qu'étant partie trop tard, elle n'avait pu pousser plus loin. Elle fut prise après quelques heures de chasse. C'était une jeune femelle de huit à neuf livres. Une vieille loutre eût pris un grand parti dès la seconde ou troisième journée, très probablement.

Il m'est arrivé, comme je l'ai déjà dit, de chercher huit, dix et même, une fois, quatorze jours de suite, changeant de cours d'eau tous les matins et même plusieurs fois par jour, sans pouvoir rapprocher un seul animal. J'ai expliqué pourquoi.

115e ET 116e LOUTRE

C'est à la saison, à la sécheresse, surtout au choix que je faisais des petites rivières faciles, qu'il faut attribuer ces longues séries de buissons creux. Je me les serais épargnées en chassant sur de plus grands cours d'eau, où j'aurais certainement trouvé plusieurs loutres dans le même espace de temps. Aux mois de septembre et d'octobre, je n'ai jamais éprouvé de ces mécomptes, rapprochant et lançant presque tous les jours.

Les quinze animaux que je pris, du 1er au 11 octobre 1891, me dédommagèrent de bien des échecs. Cette aubaine, m'arrivant à la fin d'une saison, me faisait atteindre le chiffre de cinquante-cinq loutres. Je me souvins alors que le meilleur record d'Angleterre appartenait à l'honorable Joffroy Hill, qui, chassant avec deux équipages, avait effectué soixante-sept prises dans une même année. Je voulus essayer de dépasser ce nombre.

La pluie et les gelées survinrent; elles me nuisirent beaucoup. Ce ne fut qu'en décembre que j'arrivai à ma *soixante-huitième* loutre. J'aurais pu chasser encore, mais je me contentai de ce résultat, laissant au repos hommes, chevaux et chiens. Tous en avaient besoin.

Dans cette fin d'année 1891, j'eus occasion de prendre plusieurs animaux sous la glace, mais ce n'est pas facile. Je constatai que les loutres se cantonnaient beaucoup et faisaient de très petits parcours, lorsque les rivières étaient bien prises. J'en chassai une pendant quatre jours consécutifs; son trajet de chaque nuit n'atteignait pas un kilomètre. Je la pris en faisant casser la glace, tellement épaisse qu'elle supportait quarante personnes qui m'accompagnaient.

Après qu'une tranchée eut été pratiquée en travers de la rivière, je fis tendre un filet ; la loutre finit par y venir et fut harponnée. Si je n'avais pas usé de ce procédé, je ne l'aurais pas eue. Elle suivait les talus sous la glace, elle y respirait suffisamment ; les chiens l'éventaient bien, mais ne pouvaient trouver un espace pour passer la tête et la prendre.

VI

QUELQUES DIFFICULTÉS
MOYENS A EMPLOYER

VI

Quelques difficultés. Moyens à employer

Après le lancé de la loutre, les premières heures offrent de grandes difficultés, qui découragent certains chasseurs, beaucoup de chiens surtout, en général les jeunes. C'est encore là qu'on apprécie les vieux, principalement lorsqu'on est arrivé une fois la bête lancée et qu'on ne l'a pas vue partir. Les chiens ont donné quelques coups de voix, ils ont peut-être un peu gratté, ils battent l'eau dans tous les sens, vont et viennent à toutes les souches, retournent à la première et ne disent plus rien.

Si vous avez vu partir l'animal, vous les aidez. Vous et vos compagnons battez l'eau avec vos manches de piques, vous frappez à toutes les souches, vous sondez toutes les cavités. Malgré cela, pendant une, deux heures, quelquefois plus, les chiens ne trouvent rien et restent muets; pourtant vous êtes sûr de la présence de la loutre. Mais si vous ne l'avez pas vue, vous croyez qu'ils se trompent ou vous pouvez le supposer, et souvent vous partez, laissant votre animal.

Dans le premier cas, vous fiant au témoignage de vos yeux, vous vous entêtez. Tout à coup, un chien se récrie à une souche où lui et les autres étaient allés dix fois sans rien dire, puis nouveau silence longtemps prolongé. Soudain, un second récri se fait entendre sous une autre souche

semblable à la première, un troisième
éclate plus rapproché, puis un quatrième,
et les connaissances se succèdent, se rapprochant toujours et se multipliant. Alors
la loutre essaye de partir : quelquefois elle
se décide à quitter l'eau tout à fait. Où
était-elle pendant cette heure, ces deux
heures ou plus, et que faisait-elle ? Elle
était bien là, mais presque toujours au fond
de l'eau, ne se rapprochant du terrier que
pour prendre une provision d'air dans une
cavité, et ne sortant juste que le bout de
son nez, pour replonger aussitôt doucement. De cette façon il est impossible
qu'elle soit aperçue de quelqu'un, et aucun
chien ne peut en avoir connaissance.

Cependant, cette contrainte la fatigue,
l'épuise. A la fin, vaincue par la lassitude,
elle sort tout à fait la tête pour respirer
plus à l'aise. Un chien qui l'indique l'oblige
à replonger ; sa fatigue augmente, elle

remonte plus souvent, enfin elle est forcée de quitter l'eau ou de rester à la surface, ce qu'elle fait très fréquemment.

D'autres fois, elle a trouvé un grand trou de rat où elle rentre au moins sa tête. Ce trou, qui vient de l'eau, n'a pas toujours de communication avec le dehors, mais elle y respire suffisamment et elle peut rester là toujours. Il faut battre fortement les bords et sonder pour la faire partir. Les hommes qui guettent en haut et en bas ne doivent pas, pendant tout ce temps, quitter l'eau du regard, car elle épiera sans cesse le moment où l'attention est endormie pour passer et se sauver vite par le chemin liquide, allant ainsi quelquefois très loin. Elle devient alors fort difficile à prendre ou, pour mieux dire, à retrouver.

Sur les rivières très rapides et n'ayant pas beaucoup de profondeur, comme celles de Bretagne et de certains départements du Centre très accidentés, cette difficulté n'existe pas ou elle se présente beaucoup plus rarement. La loutre, ne pouvant rester au fond, n'est pas assez couverte, et l'eau qui la lave donne dans le courant une connaissance continuelle aux chiens. Elle est obligée de circuler. Cela rend la chasse plus agréable et incomparablement plus facile.

Il y a cependant un avantage dont on est privé dans les cours d'eau rapides : c'est la bulle d'air, indication précieuse dans les faibles courants ou les eaux dormantes. Du fond où elle a plongé en sortant de sa cache, le poil sec, la loutre dégage des bulles d'air, quelquefois sur un long parcours, et c'est très utile pour la suivre. Quelques-unes n'en dégagent pas. Je suppose qu'effrayées, elles vont très doucement et entre deux eaux. Ceci, j'ai pu le constater dans les eaux claires. D'autres se dénoncent par des bulles pendant toute la chasse, chaque fois qu'elles quittent une souche. Ce sont celles qui vont très vite, celles surtout qui touchent le fond de l'eau. Ces bulles d'air rendent la poursuite bien plus aisée et la chasse plus agréable ; elles préviennent les hommes aux aguets, en intéressant les spectateurs. La loutre, selon que la rivière est plus ou moins profonde, se trouve à un ou deux mètres en avant d'elles, lorsqu'elle nage à une vitesse moyenne ; si elle se presse, elle est plus en avant.

Toutefois, le sport est particulièrement commode lorsqu'il n'y a pas assez de profondeur pour que l'animal soit suffisamment recouvert. On comprend que les grandes sécheresses sont très favorables à cette chasse, puisqu'elles privent les rivières d'eau.

Dans les difficultés dont j'ai déjà parlé, on peut user d'un moyen que j'ai fréquemment employé et qui m'a presque toujours réussi. Étant donné que la loutre qui a été inquiétée et qui s'est trouvée longtemps mal à l'aise, est portée à changer de place lorsqu'elle n'entend plus aucun bruit, le stratagème consiste à feindre de l'abandonner après un certain temps de recherches. A l'endroit où l'on soupçonne sa présence, on se livre au manège que j'ai décrit, on frappe le sol du pied, on bat l'eau avec les perches, on sonde souches et terre, et, ne trouvant rien, on s'éloigne, mais en ayant soin de laisser, en haut et en bas, deux hommes bien cachés et attentifs. On reste absent pendant deux heures. Si les factionnaires ont bien observé la consigne de ne faire aucun mouvement, de ne pas parler ni fumer, il est bien rare que ces deux heures s'écoulent sans que l'animal ait été vu par l'un d'eux. Les hommes doivent laisser passer la loutre, tendre der-

rière elle un filet pour empêcher qu'elle revienne à la place où elle était cachée, et donner un coup de corne pour prévenir les chasseurs, qui accourent au signal, accompagnés
des chiens. La fugitive, retrouvant le danger, n'a rien de plus pressé que de regagner la retraite mystérieuse où elle se déro-
bait si bien tout à l'heure et qu'elle a quittée de son plein gré. Elle se précipite dans
le filet et essaie de l'enfoncer. C'est alors
que la pique a son emploi, si l'on veut en
finir, et c'est le plus sage parti, car si
l'animal réussit à forcer l'obstacle, il aura
vite réintégré son premier refuge, et on ne
l'en fera pas sortir au moyen de la même
ruse.

Si pourtant il passait, que faire ? Chercher de nouveau, dire à un homme de se
mettre à l'eau pour fouiller les talus avec
une baguette courbée en demi-cercle, qu'il
tâchera, en l'introduisant par l'orifice sub-

mergé, de faire remonter à hauteur du terrier, à droite, à gauche, comme il pourra.

Un autre moyen, que j'ai souvent employé dans les rivières courantes, consiste à faire une digue en dessous pour élever l'eau à la hauteur des bords. Ce procédé est infaillible : dès qu'elle est immergée au point de n'avoir plus d'air du tout, la loutre se hâte de sortir.

Dans les rivières non courantes, l'été, je fais barrer le lit, en haut et en bas, par de petites digues et, avec des seaux, je fais puiser l'eau de façon à en abaisser le niveau; mais pour cela il faut des hommes, et quelquefois il y a trop d'eau pour que ce travail puisse être utilement entrepris.

Il arrive parfois qu'une loutre, ne sachant plus où se cacher, se réfugie dans un caniveau. Voici comment je procède dans ce cas :

Ces caniveaux servant, en général, au

passage de l'eau, celle-ci en est proche. J'en fais boucher le bas, puis jeter de l'eau par le haut. Quand tout est plein, la loutre, ne trouvant plus d'air, gagne l'issue restée libre, et là, rien de plus aisé que de la prendre. Mais, avant de recourir à ce moyen, j'essaie de la faire sortir afin de prolonger le sport, à moins que des amis ou des invités ne préfèrent la prise certaine à une jolie chasse douteuse.

Le mâle de la loutre est beaucoup plus agréable à chasser que la femelle. Il a plus de fumet, il lui est moins facile de se cacher, à cause de sa taille, et, se sentant plus fort, il va jusqu'à attaquer les chiens lorsqu'il ne trouve pas de refuge. Les femelles ne songent qu'à se dissimuler.

Quant aux loutreaux de quatre à six livres, c'est tout ce qu'il y a de plus difficile à déloger; ce sont ces animaux-là que l'on abandonne. Les individus de ce poids qui sont tués sont presque tous pris par les chiens au terrier, avant leur départ, ou sur un bord quelconque.

Les loutreaux au-dessous de trois livres ne sortent pas de l'endroit sec où ils se trouvent ; s'ils le quittent, ils n'entrent pas dans l'eau, ils l'évitent ou restent dessus, parce qu'ils ne peuvent se passer d'air.

On ne s'occupe ni des uns ni des autres, et c'est la mère que l'on chasse, car celle-ci n'abandonne ses enfants que lorsqu'ils sont tout à fait grands. Le plus souvent, on prend une femelle qui a des petits, sans se douter de l'existence des jeunes ; c'est à son lait qu'on reconnait qu'elle était mère.

VIII

CHASSE DE NUIT

VII

Chasse de nuit

La chasse à la loutre, pas plus que les autres, n'est permise la nuit. J'ai pourtant découplé quelquefois au clair de la lune, comptant sur l'intelligence des bons gendarmes et fort de la pureté de mes intentions.

Pour chasser la loutre, la nuit, avec chance de succès et péripéties agréables, il est de toute nécessité que les circonstances s'y prêtent, mais alors c'est un sport plein de charme. Je vais raconter une de ces chasses nocturnes, auxquelles j'ai toujours pris un plaisir des plus vifs.

Un jour du mois d'août 1892, nous rapprochâmes une grosse loutre mâle qui, arrivée à la source de la rivière la Vendée, avait gagné, à travers les prairies, l'étang dit de Saint-Pic, où elle était restée. Elle y fut lancée à 6 heures du matin, et chassée fort longtemps, au milieu des joncs très épais qui en garnissent les bords.

A plusieurs reprises, dans la journée, les chiens furent arrêtés et couplés, puis emmenés du côté opposé à celui par lequel la loutre était arrivée à l'étang, afin de lui permettre d'en sortir. Bien caché sur un arbre éloigné, un homme faisait le guet, épiant le passage de l'animal, mais sans jamais le signaler. Toutes les trois heures, les chiens étaient de nouveau découplés, la bête relancée ; c'était chaque fois une chasse opiniâtre, mais impossible de décider la loutre à quitter l'étang. Elle ne pouvait s'en retourner que par un ruisseau d'abord très étroit, qui ne lui offrait aucun refuge, et la rusée le savait bien. C'est aussi ce qui me donna l'idée de la chasse de nuit.

A six kilomètres au-dessous de l'endroit d'où l'animal était parti la veille, la rivière devenait très large, et là il serait imprenable. Il était donc certain qu'effrayé toute une journée sur l'étang, il ne manquerait pas de descendre, pendant la nuit, aussi bas que possible. C'est dans le trajet qu'on pouvait espérer de le prendre. Il n'y avait qu'à tenter cette chance ou à l'abandonner.

M'étant décidé pour le premier parti, je plaçai mes gens en sentinelles, de façon à retarder le plus possible le départ de la loutre, pour que nous pussions être éclairés par la lune, qui allait battre son plein. A neuf heures, emmenant avec moi deux hommes et les chiens, je me portai à 500 mètres au-dessous du courant habituel de l'étang. Nous nous mîmes, un dans le ruisseau, les autres à droite et à gauche, en éventail et bien cachés.

Un de mes hommes était resté du côté opposé au déversoir par où l'assiégée devait sortir de l'étang. Il avait mission de faire le tour de celui-ci toutes les heures, avec un limier tenu en laisse, afin de reconnaître la position de l'animal. A dix heures, le chien, qui avait le vent, dressa le nez, indiquant au gardien que la loutre sortait ; conduit sur la chaussée, il se mit à hurler. Nous nous disposions à quitter nos postes pour aller au devant de lui ; mais nos chiens avaient également éventé la bête : elle était déjà à vingt mètres de nous !

Alors, dans ce ruisseau large d'un mètre et n'ayant pas plus de dix à vingt centimètres d'eau, ce fut une chasse enragée.

L'ombre des arbres nous empêchait de nous servir de nos piques : je désirais d'ailleurs laisser prendre la loutre par les chiens. Nous fîmes ainsi toute une lieue, l'obligeant cent fois à sortir de l'eau et à y rentrer. Vingt fois elle fut happée par quelqu'un des chiens, qui ne pouvait la tenir, quoiqu'ils fussent tous fort excités, ivres de joie et transportés d'ardeur, au point de dépasser leur animal. A certains moments, nous aperçûmes la loutre dans les prairies, derrière la meute emportée ; car nous étions dans le ruisseau, lui barrant continuellement le passage, ce qui la forçait à prendre terre pour regagner l'eau quelques mètres plus bas.

Tout ceci n'allait pas, comme on pense, sans beaucoup de tapage. Étonnés de ce vacarme inaccoutumé, les villageois des environs se levaient et venaient se rendre compte de ce qui se passait. Quelques bons

Vendéens, nous reconnaissant, se joignirent
à nous, et cette poursuite, vraiment très
curieuse, semblait beaucoup les amuser.

Il était 4 heures du matin ; le jour était
déjà levé. La loutre, non sans peine, était
arrivée à la première écluse de moulin,
ayant effectué malgré nous un parcours de
cinq kilomètres. Je fis arrêter les chiens
et cerner l'écluse, pour que la fugitive ne
pût descendre plus bas sans qu'on la vît,
et les hostilités furent quelque temps sus-
pendues. Tout mon monde était fatigué et
cette halte n'était pas inutile. Comme nous
n'étions heureusement qu'à 500 mètres d'un
bourg, hommes et chiens purent, non
seulement se reposer, mais aussi se res-
taurer un peu.

A huit heures, la chasse fut reprise. La
loutre aussi avait fait halte. Elle avait
trouvé une énorme souche où elle pouvait
se rendre par-dessous l'eau, et elle s'y

RETOUR AU CHENIL.

était réfugiée. Pendant notre absence elle l'avait quittée, — afin d'aller manger, je suppose, — mais pour y revenir au premier bruit. Maintes fois nous essayâmes de l'en déloger; ce fut absolument impossible. Je dus avoir recours à l'obligeance du meunier, qui voulut bien, moyennant finances, faire écouler l'eau qu'il retenait. Alors les chiens purent pénétrer jusque sous la souche et l'entêtée fut bien obligée de sortir. Elle fut tuée à la pique, car nous avions hâte d'en terminer. Il était quatre heures du soir quand elle succomba, après une mémorable défense.

Cette superbe chasse avait duré 31 heures. Nous rentrâmes fort contents de nous, heureux d'avoir pris une belle loutre et de pouvoir goûter un repos bien gagné.

VIII

OBSERVATIONS SUR LES MŒURS
DE LA LOUTRE

VIII

Observations sur les mœurs de la loutre

J'ai toujours remarqué que c'était en automne, en hiver et au commencement du printemps qu'on rencontrait le plus de loutres.

Il est des ruisseaux où elles ne reviennent pas l'été, ce qui désespère le chasseur, car ce sont précisément les plus commodes, ceux où l'on désirerait le plus en trouver. J'attribue cela à la sécheresse et à la brièveté des nuits dans la chaude saison. Je crois qu'en été ces voyageuses regagnent la mer, les fleuves et les grandes rivières. A l'approche des pluies d'automne, on en rencontre partout, même sur les plus petits ruisseaux.

La loutre, dans ses marches nocturnes, ne parcourt pas plus de deux kilomètres à l'heure, souvent même elle ne les fait pas tout à fait. L'été, elle n'a que huit heures de promenade, et c'est peut-être une des causes qui lui font alors préférer les grandes rivières, où elle peut prolonger ses sorties sans être inquiétée, même après le lever du jour.

Cependant, les femelles recherchent les petits ruisseaux pour mettre bas. Elles choisissent le haut des cours d'eau, de préférence même les endroits complètement à sec, ayant soin que les nouveau-nés soient à l'abri des inondations subites causées par les orages, qui noieraient en quelques instants leur progéniture.

Il y a discussion entre les chasseurs de
loutres sur l'époque où elles font leurs
petits. M. Collier, un Anglais qui repré-
sente, dans sa famille, la troisième géné-
ration s'adonnant à ce genre de sport, et
qui a lui-même une pratique de cinquante
années, dit que c'est au printemps. M.
Joffroy Hill, le sportsman qui, dans ce
siècle, a pris le plus de loutres, ayant
quarante et quelques chiens divisés en deux
équipages, de façon à pouvoir chasser tous
les jours, croit qu'il n'y a pas d'époque
fixe. Ces messieurs, il est bon de le dire,
n'ont jamais chassé ces animaux l'hiver.

Mon opinion est conforme à celle du
dernier ; elle s'appuie sur des observations
nombreuses. Depuis que je chasse la loutre,
une femelle n'est jamais dépouillée sans
qu'une vérification soit faite sur son état,
et d'autres remarques sont venues s'ajouter
aux constatations résultant de ces examens.

En décembre 1891 et en janvier 1892, c'est-
à-dire pendant un des hivers les plus
rigoureux que nous ayons eus, j'ai pris des
femelles qui étaient sur le point de mettre
bas. J'ai trouvé en février des loutreaux de
deux mois, et en tout temps des petits près
de naître. Je fais chaque année de sem-
blables constatations.

Les autopsies m'ont appris des choses
assez curieuses. Je sais par elles que la
loutre mange au printemps beaucoup plus
de canards et de grenouilles que dans toutes
les autres saisons. Je suis porté à croire
que c'est pour elle une loi de la Providence.
Quand le poisson fraye, elle le trouve moins
bon et elle cherche d'autres aliments. Elle
mange aussi quelques rats et des anguilles
dont elle ne prend que la tête et la queue ;
mais ce qu'elle préfère à tout et toujours,
c'est certainement l'écrevisse.

Je ne pense pas qu'elle détruise autant

de poisson qu'on le suppose. Il lui en faut beaucoup, c'est vrai, — deux à trois kilos par vingt-quatre heures. Comme les animaux de mœurs aquatiques, elle a un estomac exigeant : l'abondance de la nourriture et les digestions rapides entretiennent en elle la chaleur. Elle laisse des traces presque chaque fois qu'elle sort de l'eau. Craignant de salir celle-ci, qui est presque son élément et, en quelque sorte, sa demeure, elle dépose sa fiente sur le terrier ou sur des pierres en dehors du lit. Ces laissés, comme je l'ai dit, sont très utiles dans les rapprochés ; ils indiquent au chasseur la direction suivie par l'animal, étant presque toujours tournés dans le sens opposé.

Mais, quoique la loutre soit une assez forte mangeuse, il ne faut pas s'exagérer ses déprédations. Elle ne s'attaque ordinairement qu'aux poissons ayant acquis une certaine taille. Si elle en prend un de cinq cents grammes tous les trois ou quatre kilomètres, je crois que son appétit est satisfait. Or il convient de remarquer que les loutres se tiennent éloignées les unes des autres. Un poisson d'une livre tous les trois kilomètres, cela n'est guère appréciable dans une rivière. Si les pêcheurs se contentaient de ça ! Mais ils sont, eux, insatiables ; les poissons d'un certain volume ne leur suffisent pas, ils ne laissent pas les tout jeunes grandir, ils prennent tout indistinctement, les petits et les gros. Il en est même qui empoisonnent un cours d'eau pour n'y en point laisser. Il est vrai que ceux-ci sont des misérables que saint Pierre doit répudier ; mais j'ai le regret de constater souvent ce genre de braconnage.

Les destructions de la loutre dans les rivières ne sont donc pas énormes. Dans les étangs, c'est différent : là, ses ravages sont appréciables. C'est surtout en temps d'inondation, quand les eaux courantes sont troubles, que ces animaux les visitent. Lorsqu'une grande rivière a débordé, s'il se trouve un étang à proximité, il est bien rare qu'ils ne s'y rendent pas presque chaque nuit.

Quand les loutres ont des petits, elles affectionnent aussi le voisinage des eaux dormantes, qui leur offrent des ressources pour plusieurs semaines, mais leurs incursions n'y sont pas régulières. Elles ne vont pas deux fois de suite au même étang, et toutes les nuits elles changent leur itinéraire.

Il m'est arrivé plusieurs fois de chasser une même mère pendant quatre jours consécutifs sans la prendre, et j'ai pu me rendre compte des habitudes des femelles en possession de famille. Leurs tournées sont de six à huit kilomètres en haut, en bas, à droite, à gauche ; mais je n'ai jamais constaté qu'une mère fût allée deux nuits de suite au même endroit.

Une loutre peut rester un jour sur un étang, quelquefois deux, mais à condition qu'elle ne soit pas dérangée, et il lui faut de l'espace à parcourir. J'ai remarqué qu'alors elle passait et repassait plusieurs fois sur les mêmes points, dans son besoin de remuer.

En constatant que les femelles n'avaient point d'époque fixe pour mettre bas, j'ai acquis aussi la conviction qu'elles n'ont en général qu'un petit ; quelquefois elles en ont deux et très rarement trois ; jamais je n'en ai trouvé davantage. Celles qui, par exception, en ont trois sont de vieilles et très grosses femelles. Des autopsies nombreuses m'ont permis de vérifier cela. En outre, j'ai souvent pris des loutreaux déjà grands, car les jeunes ne quittent la mère que fort tard ; ils n'étaient jamais plus de trois.

Tout à l'heure, en parlant des autopsies de loutres, je me suis rappelé celles que je faisais pratiquer sur les blaireaux autrefois, au temps où j'en tuais beaucoup. Les observations qu'elles m'ont fournies intéresseront peut-être quelques personnes.

Je suis arrivé à savoir que le blaireau consomme pas mal d'œufs, ceux des perdrix le plus souvent ; beaucoup de viande, ce qui d'abord m'avait surpris ; quelques couleuvres, mais jamais d'aspic : du moins je n'en ai jamais trouvé trace chez les sujets examinés. Je n'ai pas découvert tout de suite de quels animaux il se nourrissait de préférence, mais j'ai fini par me convaincre qu'il mangeait force hérissons. Ayant reconnu que cet épineux quadrupède était son mets de prédilection, je voulus faire une expérience. A un blaireau, depuis quelque

temps apprivoisé, j'offris un superbe héris-
son. Quoiqu'il y eût là plusieurs personnes,
je n'eus pas besoin de l'encourager. Il
s'approcha aussitôt de la pauvre bête qui
s'était déjà mise en boule ; de ses pattes de
devant, il l'ouvrit avec une extrême adresse
et, de deux coups d'ongles, elle fut
dépouillée. Quelques instants après, il n'en
restait plus que les piquants.

Revenons à nos loutres.

Ces animaux sont remarquablement
doués. J'ai constaté souvent leur extrême
acuité de vue, d'ouïe et d'odorat. Ils ont
l'instinct tellement développé, qu'au dire
des Anglais, les renards, réputés si fins,
sont auprès d'eux des imbéciles.

Les mâles sont très courageux et d'une
grande hardiesse. Ils changent facilement
de versant par les terres, visitent les réser-
voirs les plus petits, au milieu des villages,
sans avoir l'air de se préoccuper des chiens

de ferme, ni de ceux qui errent à l'abandon. Ils restent parfois dans les bois, lorsque le jour les a surpris trop tôt ; mais ils préfèrent à la terre sèche les bords de la moindre flaque d'eau.

Lorsqu'on a la chance de lancer un de ces animaux dans un bois, sa chasse est un peu semblable à celle du lapin ou plutôt du renard, chose difficile à expliquer, vu la conformation de la loutre. Elle dure quelquefois plusieurs heures, si le massif est très fourré. J'ai fait des prises en peu de temps, lorsque les taillis étaient clairs. Mais, un certain mois d'août, par une chaleur excessive, je lançai dans un bois de dix hectares, rendu impénétrable par les épines noires, les ronces et les houblons sauvages, deux loutres qui se défendirent deux heures chacune. Elles passaient sous les buissons les plus épais, d'où les chiens ne se tiraient qu'à grand'peine. Leur fatigue

fut telle, qu'ils s'en ressentirent longtemps.
Les hommes, qui, à chaque instant, croy-
aient l'animal pris et voulaient se porter aux
chiens, revinrent, les habits déchirés, les
mains ensanglantées, dans un état pitoy-
able.

Cette chasse au bois n'est pas à souhaiter
pour le chasseur de loutres ; les chiens
s'y dérangent, les jeunes surtout, déjà trop
portés à chasser la voie sur terre ; elle est
pour eux beaucoup plus naturelle et infiniment plus facile. Elle est gaie, d'ailleurs,
et pleine d'entrain, car les chiens y font
une musique continuelle.

Sur terre, la loutre se chasse sans
défaut, et il y a peu de balancés.

Il est très utile de bien connaître ses
limiers et leur façon de faire, autrement on
peut être induit en erreur. Certains chiens
ont le nez assez fin pour crier sur des voies
qui ne sont pas de bon temps, sur celles

de relevé, c'est-à dire de la veille ; il leur arrive même d'indiquer une connaissance sur des voies de trois jours. Dans ce dernier cas, ils ne crient point. Avec ou sans récris, ces indications encouragent le chasseur, lui donnant à penser qu'une loutre habite la rivière. Lorsqu'on dispose de plusieurs chiens pouvant faire office de limier, il est bon d'en choisir deux, dont l'un ne crie que sur les voies très fraîches, et l'autre sur les voies de relevé, comme j'en ai donné le conseil ; cela supprime une difficulté.

Les bons rapprocheurs sont très communs ; mais, avec les meilleurs, on ne peut juger du droit ou du contre, ni de la proximité de l'animal, par la façon dont ils goûtent la voie. J'ai le plus souvent remarqué que la voie du milieu de la nuit était de beaucoup la mieux conservée. Je suppose qu'à ce moment la loutre marche d'assurance. Son passage du matin, pourtant le plus récent, a d'ordinaire l'apparence d'une très vieille voie. Il semblerait que ce dût être le contraire.

Le volcelest du mâle est facile à distinguer de celui de la femelle : le pied est beaucoup plus large ; les doigts, plus gros, sont aussi mieux imprimés. Celui des jeunes mâles est presque absolument semblable à celui des vieux, toutefois l'empreinte est moins prononcée. Les jeunes femelles ont un petit pied, surtout celui de devant.

La fiente, qui, à défaut de revoir, indique dans quel sens a marché la loutre, permet aussi, souvent, de reconnaître le sexe de l'animal. Celle du mâle est, en général, petite ; celle de la femelle est grosse ; celle des jeunes, très grosse et presque sans forme.

La loutre, qui est très courageuse, tient du félin pour le caractère. Elle se précipite

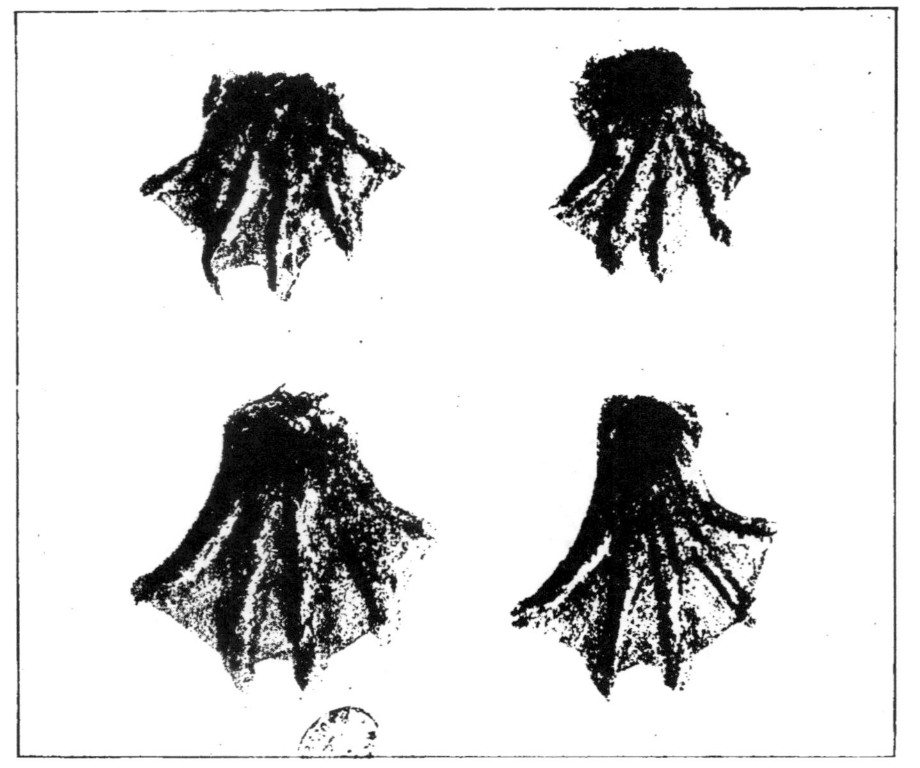

PIEDS DE LOUTRES

parfois à la tête d'un chien, le saisit toujours à la joue. Par l'effet de la douleur, le pauvre diable se laisse entraîner la tête dans l'eau, et la loutre ne le lâche qu'après quelques secondes. Le chien ainsi maltraité, s'il est jeune, quitte la chasse et reste prudent quelquefois longtemps. L'immersion qui l'a à moitié étouffé, jointe à la morsure, lui cause un découragement. Tout autre est l'effet produit chez le vieux chien, qui, une fois revenu à lui, éprouve une nouvelle excitation.

Ce qui me fait dire que la loutre a du félin dans le caractère, c'est que, si on l'a prise et qu'on la rende à la liberté, contrairement à ce que font, en pareil cas, les autres animaux, qui n'ont rien de plus pressé que de s'enfuir, son premier mouvement, comme celui du chat, est de se jeter aux jambes de la personne qui la laisse aller, pour se sauver ensuite. Lorsque,

par hasard, on peut saisir un de ces animaux par la queue et le tenir suspendu, il
faut éviter d'en être effleuré et le jeter au
loin, ou attendre, pour exécuter le premier
mouvement, que les chiens soient très
près.

Au moment du rut, la femelle est souvent
accompagnée de deux mâles. L'un occupe
avec elle la même cache ; c'est probablement
le plus fort. L'autre se tient à peu de distance. Souvent même, il n'est pas caché.
Si, pendant le rapproché, vous ne vous
êtes pas rendu compte, par les volcelests,
du nombre des animaux qui voyagent
ensemble, vous pouvez, au lancé, n'avoir
connaissance que d'un seul et laisser les
autres. Lorsqu'on prend deux mâles pour
commencer, la présence d'une femelle est
certaine. Les loutres, en effet, vont toujours
seules dans les circonstances ordinaires.
La femelle est généralement prise en der-

nier lieu, sa capture étant plus difficile que celle des gros mâles.

Dans les rapprochés, il arrive que les chiens crient des deux côtés de l'eau à la fois, vis-à-vis les uns des autres. Ceci prouve qu'il y a aller et retour, ou qu'un animal monte et qu'un autre descend, tous deux courant le monde séparément. Quand plusieurs loutres voyagent ensemble, elles passent toutes du même côté et presque toujours elles se suivent.

IX

PEUT-ON DÉTRUIRE LES LOUTRES ?

IX

Peut-on détruire les loutres ?

Pour répondre à une question qui m'a été souvent adressée, je ne crois pas qu'il soit possible de détruire les loutres. On peut tout au plus en diminuer le nombre d'une façon appréciable.

Les petites rivières sont approvisionnées par les grandes et par les fleuves. Il suffit de rester quelque temps sans y chasser pour que ces animaux y reviennent. Il est bien certain qu'ils ne remontent pas une rivière fréquemment battue par les chiens, qui vont flairer les souches, laissant leur odeur à l'eau et sur les bords ; mais quand rien ne les éloigne, ils ne tardent pas à y reparaître.

Dans les cours d'eau qui n'ont à franchir qu'une courte distance avant de se jeter dans la mer, et sur les marais du littoral, les loutres peuvent être détruites ; j'en connais où aucune n'est revenue depuis trois ou quatre ans. Pourtant, sur un de ces marais, d'une étendue de sept à huit mille hectares, j'ai dernièrement constaté qu'il en était passé une plusieurs mois plus tôt. Je suppose que c'était un mâle en excursion, qui y était venu par la terre et qui s'en était retourné par le même élément, ne trouvant pas ce qu'il cherchait.

Dans ces marais du littoral et ces petites rivières qui aboutissent directement à la mer, les loutres ne peuvent se rendre que par celle-ci ou par terre. Elles suivent très bien les dunes et elles vont dans les eaux salées. Plusieurs gardiens de phare m'ont affirmé avoir trouvé des laissés sur les rochers où s'exerce leur surveillance. M. du F., avant de chasser la loutre à courre, en avait tué une en mer, à plusieurs kilomètres de la côte.

Les différences de niveau d'eau causées par les marées font que ces animaux préfèrent les rivières. Ceux que j'ai chassés dans les marais et les petits cours d'eau dont je viens de parler allaient pêcher à la mer, mais ils ne se réfugiaient pas dans les falaises, où, d'ailleurs, ils n'auraient pas trouvé un endroit favorable. Lorsqu'elles leur offrent une retraite à leur convenance, je suppose qu'ils doivent y rester.

Ce qui prouverait que les loutres ne sont pas faciles à détruire, c'est le nombre qu'on en prend tous les ans en Angleterre, depuis qu'on les y chasse, et l'on y en trouve toujours autant. Les nôtres ne traverseraient-elles pas la Manche, et ne serions-nous pas les fournisseurs de nos voisins, plus grands consommateurs que nous? Je laisse à de plus éclairés le soin de résoudre ce problème.

Pour moi, je crois la chose très possible. Les loutres doivent éventer la terre de très loin. Lorsqu'un étang laisse écouler son eau pour la pêche, celles qui se trouvent à quarante, cinquante kilomètres et reçoivent cette eau, remontent bien vite pour faire une visite à l'étang, fût-il complètement vidé. Quelques-unes, arrivées de loin la veille de la pêche, y restent, et leur prudence est mise en défaut. Le lendemain, l'étang, étant à sec, ne leur offre plus de refuge. Il en est ainsi tué quelquefois.

Dans les nombreux pays que je parcours, je rencontre, de temps à autre, des piégeurs; ma curiosité me porte à les questionner. Quelques-uns prennent une ou deux loutres par an : c'est la moyenne. L'un, dont je puis répondre, en capture de cinq à six. C'est bien le plus intelligent piégeur que je connaisse, et il se donne tout le mal qu'il convient.

La plupart de ces spécialistes croient que les loutres montent avec la lune, celui qui en prend le plus excepté. Il dit comme moi qu'elles montent quand cela leur plaît. J'en trouve aussi bien en jeune qu'en vieille lune, et réciproquement. Seulement, j'ai remarqué, dans les rapprochés, que par les nuits noires, c'est-à-dire sans lune, elles faisaient très souvent un plus long parcours.

Pour détruire les loutres, le poison est peut-être un des meilleurs moyens. Contrairement à ce que disent les auteurs, il réussit parfaitement. J'ai fait dernièrement la rencontre d'un aimable châtelain des

Côtes-du-Nord, M. K., qui, cette année encore, a empoisonné trois de ces animaux d'après mon procédé. Mais je ne crois pas devoir parler ici de ce mode de destruction, attendu que ce n'est pas du sport.

Nantes. — Imp Émile Grimaud.